BEI GRIN MACHT SICH IHR WISSEN BEZAHLT

- Wir veröffentlichen Ihre Hausarbeit,
  Bachelor- und Masterarbeit

- Ihr eigenes eBook und Buch -
  weltweit in allen wichtigen Shops

- Verdienen Sie an jedem Verkauf

Jetzt bei www.GRIN.com hochladen
und kostenlos publizieren

GRIN

Patrik Dirolf

Einführung in die Thematik "Druck" im Physikunterricht

GRIN Verlag

Bibliografische Information der Deutschen Nationalbibliothek:

Die Deutsche Bibliothek verzeichnet diese Publikation in der Deutschen National-
bibliografie; detaillierte bibliografische Daten sind im Internet über http://dnb.d-
nb.de/ abrufbar.

Impressum:

Copyright © 2007 GRIN Verlag GmbH
Druck und Bindung: Books on Demand GmbH, Norderstedt Germany
ISBN: 978-3-656-56162-0

Dieses Buch bei GRIN:

http://www.grin.com/de/e-book/76637/einfuehrung-in-die-thematik-druck-im-
physikunterricht

2. Lehrprobe im Fach Physik

Thema: **Einführung in den Druck**

Schule: Gesamtschule
Klasse: 9ab G-Kurs
Raum:
Datum:
Zeit:

Leiter Studienseminar:
Stv. Leiterin Studienseminar:
1. Fachleiter:
2. Fachleiter:

Inhaltsverzeichnis

1. Voraussetzungen

1.1. Anthropogene Voraussetzungen

1.1.1. Entwicklungsstand der Schüler

Der G-Kurs 9ab besteht aus 5 Mädchen und 13 Jungen, die alle zwischen 14 und 16 Jahre alt sind.

Nach *Oerter et al (2002, S. 258ff)* befinden sich die Schüler[1] in dieser Altersphase im Jugendalter, der sogenannten „frühen Adoleszenz", die die Zeitspanne vom 14. bis zum 18. Lebensjahr umfasst. Pubertät und biologische Veränderungen beeinflussen Wahrnehmung und subjektives Empfinden in der Art, dass diese Phase von der Suche nach einer eigenen Identität, begleitet von Ängsten und sozialen Umgestaltungen, bestimmt wird. Dies zeigt sich bei vielen Schülern in einem Wechsel zwischen kindlichem Verhalten und Erwachsenwerden.

Vor allem die Jungs wirken daher oftmals betont unangreifbar, unbekümmert und zum Teil recht ruppig (XXX), aber auch abwesend und mit anderen Dingen beschäftigt (XXX). Phasen von Mitarbeit und Konzentration wechseln sich ab mit zum Teil noch kindlichen Zwischenrufen oder Kraftausdrücken (XXX). XXX (bei den Mädchen auch XXXr) machen in diesem Zusammenhang einen etwas reiferen Eindruck. Die anderen Mädchen hingegen wirken oft verunsichert und mit 45 Minuten Aufmerksamkeit überfordert.

Untersucht man die „Stufen der kognitiven Entwicklung" nach Jean Piaget (vgl. *Oerter & Montada, 2002*), so befinden sich die Schüler nicht mehr im Stadium des konkret-operationalen Denkens, sondern im Stadium des formal-operationalen Denkens. Losgelöst von konkreten Fällen müssten die Schüler demnach in der Lage sein, (physikalische) Probleme zu erkennen sowie zu analysieren, zu kombinieren und zu abstrahieren.

Der Physikunterricht kann jetzt eine wichtige Doppelfunktion in der Förderung dieser abstrakt-logischen Denkprozesse übernehmen. Zum einen, weil er solche Denkprozesse anregt (freies Experimentieren, Vermutungen äußern, Hypothesen bilden, (physikalische) Zusammenhänge erkennen, etc.). Zum anderen, weil er sie stützt und einschleift (Hypothesen überprüfen und verifizieren, Gesetze bilden, Modelle und Analogien kennen lernen, etc.).

Ein schon gut entwickeltes abstraktes Denkvermögen zeigt sich allerdings nur bei XXX, so dass ein anspruchsvoller Physikunterricht oft durch eine noch mangelnde Fähigkeit, angemessene Hypothesen zu bilden, scheitert (XXX).

Vermutungen werden zwar gerne und zügig geäußert, doch handelt es sich oftmals um unüberlegte Ausrufe oder falsch formulierte Aussagen (XXX).

---

[1] Ich schreibe aus Gründen des Leseflusses immer „Schüler", meine aber eigentlich „Schüler und Schülerinnen".

Die sprachliche Entwicklung der Schüler ist ebenfalls noch nicht voll ausgeprägt. Das Üben und Wiederholen von Fachausdrücken benötig teilweise viel Zeit und Geduld, weil im Lernvermögen der Schüler noch wenig Ankerpunkte für solche naturwissenschaftlichen Informationen bestehen.

Vor allem XXX sowie eingeschränkt auch XXX können sich schon gut artikulieren und physikalischen Sachverhalten Ausdruck verleihen. Die anderen Schüler hingegen haben hier mehr Probleme, wobei dies zum Teil auch an einem mangelnden Selbstbewusstsein liegen könnte (z.B. XXX). Man kann dem entgegenwirken, indem man diese Schüler immer wieder ermutigt, sich zu melden, um sich aktiv am Unterricht zu beteiligen.

1.1.2. Leistungsstand/Leistungsbereitschaft

Der Notendurchschnitt liegt ziemlich genau im befriedigenden Bereich, wobei alle Mädchen außer XXX (gut) nur eine ausreichende Halbjahresnote erreichen konnten. Die Jungs liegen bis auf XXX (sehr gut) und XXX (ausreichend) alle im guten oder befriedigenden Bereich. Meist korrespondieren die Zeugnisnoten recht gut mit Interesse und Engagement der Schüler. Bei XXX sind die mündlichen Leistungen etwas besser als die schriftlichen.

<u>Wissen</u>

Das Vorwissen in Physik stützt sich auf den bis in Klassenstufe 8 erteilten Unterricht im Fach Naturwissenschaft (NW) und ist je nach Schwerpunkten des NW-Unterrichts der unterschiedlichen Kurse uneinheitlich und völlig diffus. Laut Lehrplan sollten die Schüler in Klassenstufe 8 einige grundlegende Begriffe der Mechanik im Zusammenhang mit der Unterrichtseinheit „Fortbewegung in Natur und Technik" kennen gelernt haben (z.B. Hebelgesetz, feste und lose Rolle). Diese wurden im ersten Halbjahr der Klassenstufe 9 erneut aufgegriffen und in vielen Stunden, teilweise von mir selbst, ausführlich eingeübt. Der Begriff „Kraft" sollte den Schülern mittlerweile eigentlich physikalisch korrekt bewusst sein, ebenso wie die kraftumformende und kraftsparende Wirkung „einfacher Maschinen" bis hin zur „Goldenen Regel der Mechanik". Jedoch muss man davon ausgehen, dass sicherlich ein großer Teil wieder vergessen oder nicht richtig verinnerlicht worden ist. Dies ist aber in diesem Zusammenhang nicht so dramatisch, denn die Lehrprobenstunde bildet eine allgemeine Einführung in das Thema „Druck" und somit einen Einstieg in ein neues Themengebiet der Mechanik.

Sicherlich konnten die Schüler auch außerhalb des Physikunterrichts Vorerfahrungen und „Alltagskenntnisse" im Zusammenhang mit dem Thema „Druck" sammeln, und diese sollten auch unbedingt aufgegriffen werden.

Allerdings ist anzunehmen, dass die Vorkenntnisse alles andere als physikalisch korrekt sind und von zahlreichen Fehlvorstellungen begleitet werden (z.B. die begrifflich und sachlich korrekte Trennung von „Kraft" und „Druck"). Daher ist die Lehrprobenstunde prinzipiell so konzipiert, dass zwingend keinerlei Vorwissen benötigt wird.

<u>Können</u>

Die Schüler haben Erfahrungen im selbstständigen Experimentieren und der Auswertung entsprechender Arbeitsaufträge (Messwerte aufnehmen und ggf. auswerten). Sie sind Sozialformen wie Gruppenarbeit gewohnt und arbeiten dann in aller Regel recht konzentriert und zielorientiert. Allerdings ist es sehr wichtig die Arbeitsaufträge eindeutig und unmissverständlich zu formulieren, da die Schüler sonst schnell überfordert sind und rasch ihre Motivation völlig verlieren (XXX).

Manchen Schülern fällt das Denken in physikalischen Zusammenhängen leichter als anderen und sie scheinen diesbezüglich auch stärker intrinsisch für das Fach Physik motiviert zu sein (XXX). Diesen Umständen will ich durch eine entsprechende Aufteilung in der Gruppenarbeit gerecht werden.

Allgemein lege ich großen Wert auf die Entwicklung der Fachsprachenkompetenz, denn die Schüler haben gerade in diesem Bereich meiner Meinung nach die größten Probleme. Beispielsweise werden Vermutungen und Hypothesen oft in der Umgangssprache geäußert und führen daher inhaltlich in eine falsche Richtung oder es wird nicht sauber zwischen einer Größe und deren Einheit unterschieden (XXX). Dies zeigte sich vor allem vor einiger Zeit beim Unterscheiden von Stromstärke, Spannung, Widerstand und deren Einheiten. Ich rechne mit großen Schwierigkeiten in der Unterscheidung von „Druck" und „Kraft".

Probleme zeigen sich ebenfalls, wenn es darum geht, aus Messwerten einfache (mathematische) Abhängigkeiten abzuleiten und daraus Merksätze zu bilden. Gerade das Formulieren von allgemeinen Gesetzen über das Erkennen von Proportionalitäten gestaltet sich oftmals sehr zäh. Daher habe ich die Arbeitsaufträge in der Gruppenarbeitsphase so konzipiert, dass mathematische Beziehungen zunächst einmal völlig ausgeklammert bleiben und Druckunterschiede nur über verschiedene Eindringtiefen in die Unterlage abgeleitet werden sollen.

Bei XXX ist Deutsch nicht die Erstsprache. Allerdings führt dies nicht zu nennenswerten Unterschieden im Lerntempo im Vergleich zu den anderen Schülern.

<u>Haltung</u>

Die Mehrzahl der Schüler zeigt sich dem Fach Physik gegenüber aufgeschlossen und positiv eingestellt. Demonstrations- und Freihandexperimente erreichen in aller Regel die Aufmerksamkeit der Schüler. Ebenso werden Schülerexperimente meist zielorientiert durchgeführt, auch wenn die Anfangsphase oftmals etwas schleppend erfolgt.

Die Jungs bringen von sich aus mehr Interesse mit in den Unterricht (Ausnahme: XXX) als die Mädchen, die oft nicht wissen um was es gerade geht. Den Mädchen fällt es leichter dem Unterricht zu folgen, wenn die Inhalte anschaulich bleiben. Das zeigt sich in einem zunehmenden Interesse an der „Mechanik" im Vergleich zur „Elektrizität", da Ursache und Wirkung besser zugeordnet werden können (XXX).

Ausklammern möchte ich jedoch XXX, die sich vor einigen Monaten vorgenommen hat, den Realschulabschluss zu schaffen und seitdem zunehmend mehr Motivation entwickeln konnte, sich aktiv am Unterricht zu beteiligen und auch Zuhause intensiver vor- und nachzuarbeiten.

Mitarbeit

Die meisten Schüler beteiligen sich in aller Regel zufriedenstellend am Unterricht. Vor allem XXX schaffen es meist, 45 Minuten lang aufmerksam zu bleiben, sich aktiv am Unterricht zu beteiligen und sich selbst durch die Unruhe anderer Schüler kaum ablenken zu lassen. Doch es gibt auch Schüler, die manchmal „abschalten" (XXX) oder zum wiederholten Schwätzen neigen (XXX). XXX fallen eigentlich nie negativ auf, benötigen aber des Öfteren eine Aufforderung, sich mündlich zu beteiligen. Ich habe das Gefühl, dass es ihnen an Selbstbewusstsein mangelt, sich vor der Klasse zu äußern.

Disziplin

Die Schüler neigen dazu, eigene Gedanken und Vermutungen unaufgefordert in die Klasse zu rufen. Trotzdem bezeichne ich diesen Physikkurs als angenehm und für einen G-Kurs recht diszipliniert. Sicherlich gibt es ab und an Unruhe. Diese lässt sich mit kurzen Ermahnungen oder einem bösen Blick jedoch schnell wieder eindämmen. Eine Ausnahme bilden XXX, die viel zu oft miteinander reden und manchmal ernsthaftere Androhungen (z.B. Strafarbeit) benötigen.

Laura fehlt oft oder kommt zu spät und bringt dann recht abstruse Ausreden, um sich zu entschuldigen. Man kann ihr vor dem Hintergrund ihrer familiären Umstände allerdings nicht wirklich böse sein, zumal sich ihre Disziplin sowie ihre Mitarbeit etwas gebessert haben.

Abschließend möchte ich noch die fehlende Disziplin vieler Schüler bei der Erledigung der Hausaufgaben erwähnen. Ich habe mir vorgenommen darauf mehr Wert zu legen und dies regelmäßig zu kontrollieren.

1.1.3. Tabellarische Übersicht

Anthropogene/soziokulturelle Voraussetzungen	
Thema der Stunde	Einführung in den Druck
Unterrichtsfach	Physik

Klasse/Kurs	9ab G-Kurs					
Klassenlehrer/in						
Situation des LA						
Anzahl der Schüler/innen						
Anteil Mädchen						
Anteil Jungen						
Altersverteilung	Jahrgang	1990	1991	1992		
	Anzahl Jungen					
	Anzahl Mädchen					
	Gesamt					
Schüler/innen, deren Erst-sprache nicht Deutsch ist						
Wiederholer/innen Wechsel vom Gymnasium						
Aktueller Notenstand		1	2	3	4	5/6
Halbjahresnoten	Anzahl Jungen					
(ohne Fabian, Sarah, Matwej)	Anzahl Mädchen					
	Gesamt					
	Durchschnitt					
Lage der Stunde						
Raum						
Ausstattung	Zweiteilige Tafel, OHP, Elektro-, Gas- und Wasseranschluss					
Lehrbuch						
Sonstiges						

2. Didaktische Analyse

2.1. Intentionalität

2.1.1. Richtziel

Der Physikunterricht soll die Schüler dazu befähigen, auf der Basis erworbenen Fachwissens mittels der Anwendung spezifischer Methoden der Erkenntnisgewinnung sowie eines kommunikativen Austauschs von Ergebnissen natürliche und technische Phänomene und Entwicklungen verstehen, erklären und beurteilen zu können

(vgl. *http://www.kmk.org/schul/Bildungsstandards/Physik_MSA16-12-04.pdf*).

2.1.2. Stundenziel

Die Schüler lernen die physikalische Größe „Druck" mit deren Abhängigkeit von der „Kraft"
und der „Fläche", auf die diese Kraft wirkt, kennen.

2.1.3. Feinziele

Die Schüler

- formulieren in Gruppenarbeit anhand eines Schülerexperiments mit Arbeitsblatt einen
  Merksatz über die Einflussgröße „Kraft" beim physikalischen Druck. (FZ1 - Reorganisation)
- formulieren in Gruppenarbeit anhand eines Schülerexperiments mit Arbeitsblatt einen
  Merksatz über die Einflussgröße „Fläche" beim physikalischen Druck. (FZ2 - Reorganisation)
- nennen in Gruppenarbeit mit Hilfe der Merksätze die beiden Faktoren (Kraft und Fläche),
  von denen die Größe des Drucks abhängt. (FZ3 - Reorganisation)
- formulieren mit Hilfe der Merksätze die Formel für den physikalischen Druck. (FZ4 – Reorganisation)

2.1.4. Lernziele der sozialen Dimension

Die Schüler arbeiten in der Gruppe kooperativ, zielorientiert und rücksichtsvoll an einem ge-
meinsamen Ziel.

2.2. Thematik

2.2.1. Curricularer/thematischer Zusammenhang

Das Thema „Druck" findet sich im saarländischen Lehrplan für Gesamtschulen im Zusammenhang mit der Unterrichtseinheit „Kräfte in Natur und Technik", die der Klassenstufe 9
zugeordnet ist (vgl. *Ministerium für Bildung, Kultur und Wissenschaft Saarland, 1998, S.10*).

Diese Unterrichtseinheit wird mit 15 Stunden veranschlagt und gliedert sich im Lehrplan wie
folgt:

- Definition der Masse
- Kräfte und ihre Wirkungen
  - Gewicht als Kraft
- Einfache Maschinen (Seil, feste und lose Rolle, Flaschenzug, Hebel)
  - Goldenen Regel der Mechanik
- Mechanische Arbeit
- Leistung
- **Stempeldruck (Druck, Formel und Einheit sowie Anwendungen)**
- Druck in Flüssigkeiten (Schweredruck, hydraulische Systeme)

- Auftrieb (Prinzip des Archimedes)
  - Schwimmen, Schweben, Sinken
- Druck in Gasen
  - Luftdruck, Messung des Luftdrucks

Im Entwurf des <u>Stoffverteilungsplans</u> für Gesamtschulen (vgl. *Ministerium für Bildung, Kultur und Wissenschaft Saarland, 2002, S.4*) hingegen bildet die „Mechanik der Flüssigkeiten und Gase" eine eigene Einheit und wird mit 10 Stunden veranschlagt. Der „Stempeldruck" dient hier ebenfalls als Einführung in die Größe „Druck". Danach sollen „Schweredruck", „Auftrieb" und „Luftdruck" folgen.

Die <u>tatsächliche Planung</u> bisher folgte im Wesentlichen den Vorgaben des Lehrplans sowie den Empfehlungen des Stoffverteilungsplanes. „Feste und lose Rolle", „Flaschenzug" und „Hebel" sind ausführlich behandelt worden. Im Zusammenhang mit der „mechanischen Arbeit" wurde die „Goldene Regel der Mechanik" thematisiert und eine schriftliche Überprüfung durchgeführt. Das Thema „Leistung" wurde in Absprache mit dem Fachleiter (zunächst) ausgeklammert, so dass sich die gesamte Planung in etwa folgendermaßen darstellen lässt:

1.+ 2. Stunde: Feste und lose Rolle	12. Stunde: Druck in Flüssigkeiten
3.+ 4. Stunde: Flaschenzug	13. Stunde: Hydraulische und verbundene Systeme
5.+ 6. Stunde: Hebel	14. Stunde: Schweredruck
7.+ 8. Stunde: Mechanische Arbeit	15.+ 16. Stunde: Auftrieb (Schwimmen, Sinken)
9. Stunde: Goldene Regel der Mechanik	17. Stunde: Druck in Gasen
10. Stunde: SÜ	18. Stunde: Luftdruck
11. Lehrprobenstunde	19. Stunde: Messung des Luftdrucks

2.2.2. Begründung der Thematik

Mit dem Begriff „Druck" kann vermutlich jeder Schüler etwas anfangen, so dass die Möglichkeit besteht im Unterricht auf zahlreiche Alltagserfahrungen der Schüler zurückzugreifen (Reifendruck, Blutdruck, Luftdruck, etc.). Jedoch dürfte sich zeigen, dass die Vorerfahrungen der Schüler alles andere als physikalisch korrekt zu beurteilen sind und der „Druck" oftmals mit der „Kraft" verwechselt wird bzw. nicht sauber davon abgegrenzt werden kann. Zumal der Begriff „Druck" im täglichen Sprachgebrauch für allerlei verwendet wird (z.B. „der Druck auf die deutsche Mannschaft bei der WM war enorm groß"). Demnach dürfte das Thema „Druck" nicht unbedingt zu den einfachsten physikalischen Zusammenhängen gehören, stellt aber wegen seiner breiten Relevanz im Alltag der Schüler einen enorm wichtigen Aspekt dar und ist zurecht im Lehrplan als verpflichtend verankert.

Es dürfte sich zeigen, dass man im Unterricht nur mit der Formel „Kraft pro Fläche" schnell an Grenzen stoßen kann bezüglich Aussagekraft oder Anschaulichkeit und daher viel Zeit in Anspruch nehmen muss, um Fehlvorstellungen der Schüler auszuräumen. Doch haben die Schüler erst einmal das Prinzip „Druck" in seiner Bedeutung sowie (technischen) Anwendung verstanden, dürfte meiner Meinung nach auch der Einstieg in den Druck von Flüssigkeiten und anschließend ebenso in den Druck von Gasen gelingen (mal abgesehen von dem bedeutsamen Unterschied, dass man Gase komprimieren kann). Danach sollten die Schüler in der Lage sein, viele verschiedene physikalische Problemstellungen zu erkennen und Lösungen dafür zu finden, wie beispielsweise:

- Warum kann ein Fakir auf Nägeln schlafen?
- Warum haben schwere Baufahrzeuge Raupen anstatt Räder?
- Wie funktioniert ein hydraulisches System?
- Wie und mit welchem Druck pumpe ich einen Fahrrad-/Autoreifen auf?
- Warum war es lange Zeit so schwierig Menschen am Torax zu operieren?
- Wie funktioniert ein Saugnapf?
- Warum schwimmt ein Schiff?

Alles Fragen, bei denen Physikunterricht wirklich eine veränderte Wahrnehmung der Umwelt erreichen kann, was noch immer als eines der höchsten Ziele von Physikunterricht gilt.

2.2.3. Sachanalyse

Die Lehrprobenstunde als allgemeine Einführung in den physikalischen Begriff „Druck" beschäftigt sich nur mit dem „Auflagedruck" von Körpern (auf ihre Unterlage), und nicht mit dem „Druck von Flüssigkeiten und Gasen". Eine wissenschaftliche Sachanalyse kann sich daher auf wenige grundlegende Aussagen beschränken (vgl. hierzu *Heepmann et al, 1988, S.120+121*).

Jeder Körper übt auf seine Unterlage eine Gewichtskraft aus. Je schwerer er ist, desto größer ist diese Kraft. Aber auch bei gleich großen Gewichtskräften können ganz unterschiedliche Wirkungen zu beobachten sein.

Die Männer im Bild seien gleich schwer. Die Gewichtskraft ist demnach gleich groß. Aber der Mann auf den Skiern sinkt nicht so tief in den Schnee ein wie der Mann, der „zu Fuß" unterwegs ist. Bei dem Skifahrer verteilt sich nämlich die Gewichtskraft auf eine viel größere Fläche. Das bedeutet, er setzt den Schnee nicht so stark „unter Druck".

vgl. *Bleichroth, W. et al (1980)*

Wie stark der Schnee „unter Druck steht", hängt also von der **Kraft (F)** und von der Größe der **Fläche (A)** ab, auf die die Kraft wirkt. Der Quotient F/A gibt an, wie groß der **Druck p** ist :

$$Druck = \frac{Kraft}{Fläche} \qquad \text{bzw.} \qquad p = \frac{F}{A}$$

Wird bei gleicher Kraft die Fläche verkleinert, dann erhöht sich der wirkende Druck, bzw. wird bei gleicher Fläche die Kraft erhöht, dann erhöht sich der wirkende Druck ebenfalls.

Als Einheit für den Druck ergibt sich **1 N/m²**. Diese Einheit bezeichnet man auch als **1 Pascal (1 Pa)**, zu Ehren des französischen Physikers *Blaise Pascal*.

→ Ein Druck von 1 Pa herrscht demnach, wenn eine Kraft von 1 N gleichmäßig und senkrecht auf eine Fläche von 1 m² wirkt.

$$1\,Pa = 1\,\frac{N}{m^2}$$

Ein Druck von 1 Pa ist aber sehr klein. In der Technik gibt man den Druck daher meist in **Bar (bar)** oder in **Millibar (mbar)** an. Dabei gilt: 1 bar = 1000 mbar.

→ Ein Druck von 1 bar entsteht, wenn eine Kraft von 10 N senkrecht auf eine Fläche von 1 cm² wirkt.

$$1\,bar = 10\,\frac{N}{cm^2}$$

Für die Umrechnung von Bar in Pascal gilt: 1 bar = 10^5 Pa bzw. 1 mbar = 100 Pa .

Um Umrechnungen von Bar auf Pascal zu vereinfachen, benutzt man häufig auch das Hektopascal (hPa): 1 hPa = 100 Pa = 1 mbar .

2.2.4. Medienanalyse und Materialeinsatz

M1: Material für das Lehrerexperiment

Für das Lehrerexperiment zu Beginn der Unterrichtsstunde verwende ich eine DDR-Münze (aus Aluminium)[2], einen auf ca. 1cm Länge abgeschnittenen üblichen Korken, eine mitteldicke Nähnadel sowie eine Unterlage (Brett) und einen Hammer. Mit dem Korken fixiere ich die abgezwickte Nadel und treibe diese mit einem kräftigen Schlag mit dem Hammer durch die Münze, bzw. durch die Scheibe.

Die Umsetzung dieses Demonstrationsexperiments soll die Schüler verwundern und Fragen anregen, warum dies wohl möglich sei. Die Aufmerksamkeit wird gesteigert und erste Vermutungen können geäußert werden. Hierzu bietet sich dieses Lehrerexperiment besonders gut an, da man einer handelsüblichen Nähnadel dies nicht zutraut. Außerdem handelt es

---

[2] ...oder vielleicht auch eine dünne Aluminiumscheibe, falls es mit der Münze nicht funktionieren sollte. Denn dies kommt leider vor, wenn auch selten. In den meisten Fällen jedoch gelingt dieses Demonstrationsexperiment.

sich nicht um Material aus der Physiksammlung o.ä., sondern quasi um originale Anschauungsmittel, die hier einen Überraschungseffekt erzielen sollen.

M2: <u>Material für die Schülerexperimente</u>

a) In der Hinführungsphase sollen die Schüler einen gespitzten Bleistift so zwischen zwei Finger klemmen, bis die Schmerzgrenze erreicht wird. Ein normaler Bleistift erfüllt hervorragend die Eigenschaft, auf der einen Seite durch eine minimale Fläche einen großen wirkenden Druck erzeugen zu können, wohingegen die andere Seite mit der größeren Fläche keinerlei Schmerz verursachen kann. Erste Vermutungen über die Bedeutung der Spitze, und somit über eine kleine Fläche, sollen hierdurch angeregt werden.

b) In der Gruppenarbeitsphase soll die unterschiedliche Eindringtiefe von Gegenständen in eine bestimmte Unterlage als Maß für den wirkenden Druck dienen. Die Abhängigkeit von der Kraft soll genauso gut erkennbar sein wie die Abhängigkeit von der (Auflage-)Fläche. Diesen Bedingungen wird handelsübliches Vogelfutter[3] als Material für die Unterlage in einer Wanne (Bild siehe Anhang) gerecht. Als aufzulegende Gegenstände habe ich mich für Tonnenfüße sowie Eisenstücke (normalerweise für Spulen verwendet) entschieden, weil sie nicht allzu groß und trotzdem ziemlich schwer sind. Die Abhängigkeit von der Fläche lässt sich gut mit kleinen, unterschiedlich großen Brettchen veranschaulichen. Das gesamte Material stelle ich insgesamt sechsmal zur Verfügung, da es sechs Gruppen geben wird.

M3: <u>Arbeitsprojektor</u>

Der Arbeitsprojektor kommt in der Hinführungsphase und in der Kontrollphase zum Einsatz. In der Hinführungsphase wird das Bild, auf dem ein Skifahrer erkennbar ist, der kaum in den Schnee einsinkt und daneben ein „Fußgänger", der deutlich in den Schnee einsinkt (siehe Anhang, Folie1), an die Wand projiziert. Mithilfe diese Bildes sollen Vorkenntnisse der Schüler aktiviert werden und erste Vermutungen können sich auf Erfahrungen aus der Lebenswelt der Schüler stützen.

In der Kontrollphase wird das Arbeitsblatt aus der Gruppenarbeitsphase als Folie an die Wand projiziert, anhand dessen eine Gruppe ihre Ergebnisse präsentieren soll (Folie2). Denn meiner Meinung nach ist in diesem Fall die Projektion die beste Möglichkeit, die Ergebnisse für alle Schüler gut sichtbar bereitzustellen.

---

[3] Ich habe wirklich alles ausprobiert: Sand, Erde, Zucker, Pflanzenreste, Schaumstoff, Torf, etc. Aber nur Vogelfutter sowie Mehl gewährleisten eine <u>eindeutig</u> sichtbare Veränderung der Eindringtiefe in Abhängigkeit von der unterschiedlichen Auflagemasse und der unterschiedlichen Flächengröße der Brettchen. Mehl wollte ich nicht nehmen, da ein Hineinblasen in die Wanne die Gefahr einer zu großen Verschmutzung und somit lautes Lachen der Schüler o.ä. mit sich gebracht hätte.

M4: <u>Arbeitsblätter</u>

<u>AB1</u> ist für alle Gruppen themengleich und enthält gezielte Arbeitsaufträge für die Schüler während der Experimentierphase sowie eine Zeichnung der Anweisungen. Ich habe mich für ein Arbeitsblatt entschieden, weil es die Arbeit der Schüler mehr oder weniger umfassend anleitet, wenn die Arbeitsaufträge eindeutig formuliert sind. Ohne begleitendes Arbeitsblatt würde die Experimentierphase sicherlich ins Leere laufen, die Schüler wüssten überhaupt nicht, was sie tun sollen.

Eindeutige und vergleichbare Ergebnisse durch ein stark vorstrukturiertes Arbeitsblatt ermöglichen zudem eine unkomplizierte und zeitökonomische Kontrollphase anschließend im Plenum. Denn mit Hilfe einer dem AB1 entsprechenden Folie kann eine Gruppe ihre Ergebnisse präsentieren.

<u>AB2</u> soll als Zusatzaufgabe für schnelle Gruppen dienen, die AB1 bearbeitet haben und sich auch schon auf eine Präsentation im Plenum vorbereitet haben. Es wird also nur bei Bedarf ausgeteilt und ermöglicht eine Binnendifferenzierung.

<u>AB3</u> wird am Ende der Stunde als Zusammenfassung der Ergebnisse für die Schüler ausgeteilt. Es enthält die Merksätze aus der Erarbeitungsphase 1 (damit auch die Schüler ein Ergebnis haben, die AB1 nicht korrekt ausgefüllt haben), sowie die Formel für den Druck und dessen Einheit(en).

<u>AB4</u> wird zum Ende der Unterrichtsstunde als Hausaufgabe ausgeteilt, um den Schülern auch in einer nachbereitenden Phase das Üben durch eine gezielte Aufgabenstellung zu erleichtern. Aufgabe d), als „freiwillige Zusatzaufgabe für Physik-Spezialisten" bezeichnet, soll die motivierten Schüler anspornen und somit auch eine Differenzierung ermöglichen.

M5: <u>Tafel</u>

Die Tafel verwende ich lediglich für die Zielangabe, für die Zeitangabe während der Gruppenarbeitsphase sowie für die Herleitung der Formel $p = F/A$, indem ich die Merksätze nochmals vereinfacht als Hilfestellung notiere, um dann die Formel und die Einheit(en) anzuschreiben.

2.3. Methodik

2.3.1. Methodenkonzeption

Zuerst untersuchen die Schüler an Einzelfällen (Bleistift, Bild eines Skifahrers) die Merkmale, um diese anschließend auf ihre Einflussfaktoren hin zu analysieren (Kraft und Fläche) und um erste Vermutungen zu äußern. Diese Vermutungen werden danach im Schülerexperiment qualitativ durch Erkennen von einfachen physikalischen „je mehr..., desto..."-Formulierungen zusammengefasst. Im <u>induktiven Schluss</u> schließlich werden diese Merksätze in einem Gesetz (p = F/A) verallgemeinert. In der Hausaufgabe wird dies an Beispielen überprüft, in der folgenden Unterrichtstunde an Praxisbeispielen überprüft und eingeübt.

Die Methodenkonzeption der Lehrprobenstunde entspricht also einer _synthetischen_ Vorgehensweise.

2.3.2. Artikulation mit Darstellung der Sozial-, Aktionsformen und Medien

Hinführungsphase mit Zielangabe

Nach der Begrüßung und dem Hinweis, die Bleistifte auf den Tischen liegen zu lassen, beginne ich die Unterrichtsstunde mit einem Demonstrationsexperiment. Ich zeige eine Münze aus der ehemaligen DDR (Aluminium) und sage, dass ich diese mit einer gewöhnlichen Nähnadel durchstoßen will. In diesem Zusammenhang lasse ich die Schüler darüber abstimmen, ob mir dies gelingen wird. Danach stecke ich die Nadel in einen abgeschnittenen Korken und zwicke sie so ab, dass beide Enden der Nadel bündig mit den Korkrändern sind, um sie anschließend mit einem Hammer durch die Münze zu treiben. Als Beweis lege ich die Münze auf den Arbeitsprojektor, damit alle Schüler das entstandene Loch in der Projektion sehen können. Dann frage ich die Schüler, warum dies möglich sei und hole erste Vermutungen ein. Mit Begriffen wie „Druck", „Fläche" oder „Kraft" rechne ich zu diesem Zeitpunkt noch nicht.[4]

Anschließend fordere ich die Schüler auf, einen der gespitzten Bleistifte zu nehmen und so zwischen zwei Finger zu klemmen, bis die Schmerzgrenze erreicht wird. Dann frage ich die Schüler, welche (physikalischen) Gemeinsamkeiten sie mit dem ersten Experiment (Durchstoßen der Münze) erkennen und erkundige mich erneut nach ihren Vermutungen. Auch zu diesem Zeitpunkt ist es noch nicht zwingend erforderlich, dass der Begriff „Druck" von den Schülern genannt wird.[5]

Danach projiziere ich die Folie mit dem Skiläufer und dem Mann ohne Ski (vgl. M3, Anhang) an die Wand und lasse die Schüler beschreiben, was sie sehen, bevor ich frage, warum der Skifahrer nicht so tief in den Schnee einsinkt wie der Mann ohne Ski. Die Schüler sollen jetzt Hypothesen formulieren, welche Größen für das unterschiedliche Einsinken in den Schnee von Bedeutung sein könnten (z.B. Gewichtskraft oder Auflagefläche). Auch hier rechne ich nicht unbedingt damit, dass die Schüler den Begriff „Druck" nennen. Daher werde ich ihnen ggf. auf die Sprünge helfen; etwa mit der Aussage: „Der Skifahrer setzt den Schnee nicht so stark unter Druck".

---

[4] Sollte der Begriff „Druck" trotzdem schon früher fallen, sage ich, dass dies das Thema der heutigen und der nächsten Stunden sein wird, schreibe die Zielangabe (_Der Druck_) an die Tafel, und fordere die Schüler auf, Beispiele für Druck aus ihrer Alltagerfahrung aufzuzählen.

[5] wie Fußnote 4

„*Der Druck*" schreibe ich dann als Zielangabe an die Tafel und frage die Schüler nach entsprechenden Alltagserfahrungen (Luftdruck, Reifendruck, Blutdruck, etc.). Die genannten Beispiele werde ich in Bezug auf die nächsten Unterrichtsstunden einordnen und darauf hinweisen, dass es heute nur um den „Auflagedruck" geht, also den Druck, den ein Körper auf seine Unterlage ausübt. Die Zielangabe wird dementsprechend von mir ergänzt („*1. Der Auflagedruck*").

Die gesamte Hinführungsphase als Frontalunterricht zu gestalten ist aus Planungsgründen (zeitökonomisch) sowie aus Gründen der Schüleraktivierung und Lenkung auf das Thema hin meiner Meinung nach die beste Möglichkeit.

Erarbeitungsphase 1

a) Vorbereitungsphase

Umgehend nach der Hinführungsphase sage ich, das wir die Vermutungen (siehe oben) in einer Gruppenarbeit in 3er-Gruppen[6] überprüfen wollen. Ich zeige die Materialien für die Schülerexperimente, erkläre das Vorgehen sowie das Arbeitsblatt und weise darauf hin, dass die Eindringtiefe in das Vogelfutter als Maß für den wirkenden Druck dienen soll. Dann sage ich, dass die Schüler 10 Minuten Zeit haben werden, um das Arbeitsblatt mit Bleistift zu bearbeiten. Abschließend werde ich darauf verweisen, dass eine Gruppe im Anschluss mithilfe einer Lösungsfolie im Plenum präsentieren darf bzw. soll. Die Arbeitsblätter werden ausgeteilt und ich schreibe die Zeitangabe an die Tafel.

Diese kurze frontale Phase soll den Schülern alle nötigen Informationen geben, damit in der Gruppenarbeit keine wichtigen Fragen mehr offen bleiben, die eine Erarbeitung wesentlich behindern.

b) Gruppenarbeitsphase

In dieser Schülerexperimentierphase arbeiten 3er-Gruppen an den gestellten Aufgaben des Arbeitsblatts und tragen die Ergebnisse ein. Dafür haben sie 10 Minuten Zeit. Die Arbeitsaufträge sind für alle Gruppen themengleich. Die aufgebende Aktionsform mit einem stark vorstrukturierten Arbeitsblatt soll eine unproblematische und eindeutige Ergebnissicherung im Anschluss garantieren.

Ich selbst werde mich zunächst einmal völlig zurückziehen und nur für dringende Fragen beratend zur Verfügung stehen. Nach ca. fünf Minuten werde ich den Schülern vermehrt über die Schulter schauen, um mir einen Überblick über den Fortschritt der Ergebnisse zu verschaffen oder um auf sehr fehlerhafte Ergebnisse aufmerksam zu machen. Ungefähr zwei

---

[6] Die Schüler habe ich in der letzten Stunde schon so umgesetzt, dass sich schnell und problemlos 3er-Gruppen bilden. Mit Hilfe der Halbjahresnoten und meinen Erfahrungen im Leistungsniveau der Schüler habe ich sie so zusammengesetzt, dass sich leistungshomogene Gruppen mit je einem Mädchen ergeben. Nur eine Gruppe dürfte sich bezüglich des Leistungsniveaus abheben (Christoph, Jennifer, Petrit). Diese Gruppe habe ich als „Präsentationsgruppe" für die anschließende Kontrollphase im Plenum vorgesehen.

Minuten vor Ende der Arbeitsphase weise ich die Schüler darauf hin, dass sie nicht mehr viel Zeit haben.

Für die leistungsstarken Gruppen, welche die Arbeitsaufträge schon vor der vereinbarten Zeit erledigt haben, halte ich die Zusatzaufgabe (siehe Anhang) bereit. Der schnellsten Gruppe teile ich jedoch vorher das Arbeitsblatt als Folie aus, so dass sie ihre Ergebnisse schon in die Präsentationsfolie eintragen können (Zeitökonomie!).

Sollte ich nach ca. 10 Minuten feststellen, dass fast alle Gruppen entgegen meiner Einschätzung eigentlich wesentlich mehr Zeit benötigen als 10 Minuten, so werde ich die Arbeitsphase um weitere drei Minuten verlängern.

Ich bin der Meinung, dass eine Gruppenarbeit dem Bedürfnis der Schüler nach Selbsttätigkeit entspricht und das Selbstbewusstsein fördern kann, da Ergebnisse gemeinsam erarbeitet und abgesprochen werden müssen; zumal sich die Schüler gegenseitig helfen.

Allerdings ist es mir ehrlich gesagt sehr schwer gefallen für das Thema „Auflagedruck" ein ansprechendes und abwechslungsreiches Schülerexperiment zu gestalten. Denn es gibt keine Messwerte (Einsinktiefe als Maß für den Druck, Druck nicht „messbar" zu diesem Zeitpunkt). Zum anderen ist das Erarbeiten der Ergebnisse in der Gruppenarbeit nicht so anspruchsvoll. Wenn ich diese selbsttätige Phase der Schüler beispielsweise mit meiner ersten Lehrprobe („Der Hebel") vergleiche, dann hätte sich diese frontal vermutlich genauso effektiv gestalten lassen. Aber eine selbsttätige Schülerphase war mir aus oben genannten Gründen sehr wichtig.

Kontrollphase im Plenum

Eine von mir bestimmte Gruppe wird die Ergebnisse auf einer dem Arbeitsblatt entsprechenden Folie am Arbeitsprojektor im Plenum präsentieren, um eindeutige und gleiche Ergebnisse für alle Schüler in einer angemessenen Zeit zu gewährleisten. Ich werde die präsentierende Gruppe zuvor darauf hinweisen, dass sie ihre Ergebnisse schrittweise nachvollziehbar (z.B. durch Abdecken von Teilen der Folie) sowie in ganzen Sätzen (Förderung der Sprachkompetenz) präsentieren soll.

Ich werde in dieser Phase nur dann einschreiten, wenn ein Ergebnis falsch ist oder wenn Fragen entstehen, mit der die präsentierende Gruppe oder die anderen Schüler überfordert sind.

Erarbeitungsphase 2

In der Erarbeitungsphase 2 soll die Formel $p = F/A$ im Frontalunterricht fragend-entwickelnd erarbeitet werden. Hierfür werden zuerst die relevanten Größen und deren Beziehungen (größere Kraft $\rightarrow$ größerer Druck, kleinere Fläche $\rightarrow$ größerer Druck) noch mal stichwortartig an der Tafel festgehalten, mit dem Hinweis, dass später eine Zusammenfassung ausgeteilt wird und daher nicht mitgeschrieben werden muss.

Anschließend frage ich die Schüler nach einer geeigneten Formel, die diese Abhängigkeiten zum Ausdruck bringt. Als weitere Hilfestellung kann ich den Ausdruck „Kraft pro Fläche" betonen. Sollte trotzdem die richtige Formel nicht genannt werden, und damit rechne ich, dann werde ich die Formel wohl oder übel vorgeben müssen und an die Tafel schreiben. Die Feinheit, dass es hier eigentlich $p = F_G/A$ (Gewichtskraft pro Fläche) heißen müsste, werde ich ausklammern, um Missverständnissen vorzubeugen. Danach werde ich mich nach der Einheit erkundigen (N/m^2), „Pascal" vorgeben, fragen ob 1 Pascal ein großer Druck ist, und schließlich „hPa" vorgeben.

In dieser Phase will ich langsam vorgehen, schrittweise nicht allzu viel vorwegnehmen und gezielte Fragen stellen. Daher ist diese frontale Phase in meinen Augen als fragend-entwickelnd zu bezeichnen, obwohl diese durchaus auch einen aufgebenden Charakter hat.

Sollte zu diesem Zeitpunkt die Zeit schon weiter fortgeschritten sein als geplant, dann werde ich die Herleitung der Formel auf die nächste Stunde verschieben, um diese wichtige Beziehung nicht gehetzt den Schülern einfach aufzusetzen.

Schlussphase

In dieser frontalen Phase sollen die Schüler zuerst mit Hilfe der neuen Erkenntnisse wiederholend, aber diesmal in eigenen Worten und physikalisch korrekt, beschreiben, warum der Skifahrer denn nun nicht so tief einsinkt wie der Mann ohne Ski.

Abschließend werde ich das Hausaufgabenblatt und die Zusammenfassung austeilen. Die Hausaufgabe ist so konzipiert, dass die erste Aufgabe mit dem Wissen aus Erarbeitungsphase 1 bearbeitet werden kann, falls die Erarbeitungsphase 2 auf die nächste Stunde ausgedehnt werden muss. Aufgabe d) kann als freiwillige Zusatzaufgabe bearbeitet werden.

Sollte dann noch Zeit sein, fordere ich die Schüler auf, die Besonderheit eines Elefantenfußes zu erklären.

Anhang

3. Verlaufsplanung

<u>Thema</u>: Einführung in den Druck

Uhrzeit	Artikulation	Sozialform Aktionsform	Medien	Lehreraktivität	Schüleraktivität
09.55 – 10.14	Hinführungsphase mit Zielangabe	FU	M1	**a)** L. fordert die S. auf, sich zu entscheiden, ob es möglich ist mit einer Nähnadel eine Münze durchzustoßen. → L. zeigt, wie er die Nadel mit Hilfe des Korkens fixiert und durchstößt mit einem Schlag mit dem Hammer die Münze. → L. fragt, wie dies möglich ist und sammelt erste Vermutungen der S. *(falls „Druck" schon genannt wird, siehe (1) unten)*	S. stimmen ab. S. beobachten das Demonstrationsexperiment. S. äußern Vermutungen.
			M2	**b)** L. fordert S. auf, den Bleistift bis zur Schmerzgrenze zwischen zwei Finger zu klemmen. → L. fragt nach Gemeinsamkeiten mit dem Demonstrationsexperiment und fordert S. auf, Vermutungen (auch über das Thema der Stunde) zu äußern. *(falls „Druck" schon genannt wird, siehe (1) unten)*	S. klemmen Bleistift zwischen die Finger. S. äußern Vermutungen, stellen ggf. Fragen.
			M3 – Folie1	**c)** L. fordert S. auf, das Bild zu beschreiben und fragt, warum der Mann ohne Ski tiefer in den Schnee einsinkt. → L. fordert S. auf Vermutungen über die Einflussgrößen zu äußern.	S. beschreiben das Bild. S. vermuten.

				→ L. fordert die S. auf das Thema der Stunde zu nennen.	S. nennen evtl. das Thema.
			M5 – Tafel	→ L. nennt Thema der Unterrichtseinheit und schreibt „Der Druck" an Tafel.	
				→ L. fordert S. auf, Erfahrungen mit „Druck" zu beschreiben, ordnet diese den nächsten Stunden zu, und schränkt das Thema ein.	S. beschreiben ihre Erfahrungen mit „Druck".
				→ L. ergänzt die Zielangabe mit „1. Der Auflagedruck".	
10.14 – 10.27	Erarbeitungsphase 1 Die S. formulieren in Gruppenarbeit anhand eines Schülerexperiments mit Arbeitsblatt einen Merksatz über die Einflussgröße „Kraft" beim physikalischen Druck (FZ1 - Reorganisation). Die S. formulieren in Gruppenarbeit anhand eines Schülerexperiments mit Arbeitsblatt einen Merksatz über die Einflussgröße „Fläche" beim physikalischen Druck (FZ2 - Reorganisation). Die S. nennen in Gruppenarbeit mit Hilfe der Merksätze die beiden Faktoren (Kraft und Fläche), von denen die Größe des Drucks abhängt (FZ3 - Reorganisation).	FU GA aufgebend themengleich	M2 M5 – Tafel M4 – AB1 M4 – AB2	**a)** L. sagt, dass die Vermutungen in einer GA überprüft werden sollen. → L. zeigt die Materialien für die Schülerexperimente und erklärt das Vorgehen (Eindringtiefe als Maß für den wirkenden Druck). → L. weist darauf hin, dass eine der Gruppen die Ergebnisse im Anschluss präsentieren soll. → L. teilt AB aus. → L. notiert Zeitvorgabe an die Tafel. **b)** In der <u>Arbeitsphase</u> steht der L. für Fragen zur Verfügung. → L. macht sich einen Überblick über den Fortschritt der einzelnen Gruppen und sucht sich eine Gruppe aus, die präsentieren soll. Dieser Gruppe wird das AB als Folie überreicht. → Schnellen Gruppen wird die Zusatzaufgabe überreicht. → L. beendet (verlängert ggf. die Arbeitsphase).	S. hören zu, stellen ggf. Fragen. S. arbeiten in GA am AB. S. bereiten ggf. die Präsentation vor. S. arbeiten ggf. an der Zusatzaufgabe.

10.27 – 10.32	Kontrollphase	Plenum	M3 – Folie2	L. fordert Gruppe auf, nach vorne zu kommen und die Ergebnisse in ganzen Sätzen (!) mit Hilfe des Arbeitsprojektors im Plenum zu präsentieren. → L. korrigiert u. beantwortet Fragen, mit denen die Schüler überfordert sind.	S. hören zu, stellen Fragen. S. widersprechen ggf. den Ergebnissen.
10.32 – 10.38	Erarbeitungsphase 2 Die S. formulieren mit Hilfe der Merksätze die Formel für den physikalischen Druck (FZ4 - Reorganisation).	FU fragend-entwickelnd	M5 – Tafel	L. notiert die Merksätze in Kurzform an die Tafel. → L. weist darauf hin, dass nicht mitgeschrieben werden muss, weil eine Zusammenfassung ausgeteilt wird. → L. entwickelt zusammen mit den S. die Formel $p = F/A$, indem er ggf. schrittweise die Hilfestellung erhöht. (L. gibt die Formel notfalls vor) → L. schreibt Formel an die Tafel. → L. erkundigt sich nach der Einheit. → L. schreibt Einheit an die Tafel. (gibt „Pascal" vor) → L. fragt ob 1Pa viel ist (gibt hPa vor) → *siehe* **(2)** *unten*	S. äußern Vermutungen, entwickeln die Formel.
10.38 – 10.40	Schlussphase	FU	 M4 – AB3, AB4	**a)** L. fordert S. auf, noch mal in eigenen Worten zu beschreiben, warum der Mann ohne Ski tiefer in den Schnee einsinkt. **b)** L. erklärt Hausaufgabe und teilt Hausaufgabenblatt sowie Zusammenfassung aus.	S. wiederholen in eigenen Worten.

(1) Sollte der Begriff „Druck" schon früher fallen, sage ich, dass dies das Thema sein wird, schreibe die Zielangabe (*„Der Druck"*) an die Tafel, und fordere die Schüler auf, Beispiele für Druck aus ihrer Alltagerfahrung zu beschreiben; danach wie oben.

(2) Sollte zu diesem Zeitpunkt die Zeit schon weiter fortgeschritten sein als geplant, dann werde ich die Herleitung der Formel auf die nächste Stunde verschieben.

4. Geplantes Tafelbild

<u>Der Druck</u>

1. Der Auflagedruck

Zeit: 10 Minuten

größere Kraft → höherer Druck
kleinere Fläche → höherer Druck

$$\boxed{p = \frac{F}{A}}$$

$$1\,\frac{N}{m^2} = 1\text{Pa} \;\;(\text{Pascal}) \qquad 100\text{ Pa} = 1\text{ hPa}$$

---

5. Literatur

Bleichroth, W. et al (1980): Physik/Chemie ab 7. Braunschweig

Heepmann, B. et al (1988): Natur und Technik – Physik für Realschulen und Sekundar-
schulen – Ausgabe Saarland. Berlin

Ministerium für Bildung, Kultur und Wissenschaft Saarland (1998): Lehrplan Physik, Gesamtschule Klassenstufen 9+10. Saarbrücken

Ministerium für Bildung, Kultur und Wissenschaft Saarland (2002): Entwurf Stoffverteilungs-
plan für Naturwissenschaften, Physik, Chemie, Gesamtschule Klassenstufen 8 bis
10. Saarbrücken.

Oerter, R. et al (2002): Jugendalter – in: Oerter, R & Montada, L. – Entwicklungspsychologie.
Berlin

Oerter, R. & Montada, L. (2002): Entwicklungspsychologie. Berlin

http://www.physikdidaktik.uni-karlsruhe.de/publication/druck_praxis.pdf
Zugriff 12.04.2007 (Herrmann, F.: Vorschläge zur Einführung des Drucks)
http://www.kmk.org/schul/Bildungsstandards/Physik_MSA16-12-04.pdf
Zugriff 20.04.2007

M2

M3 – Folie1

<table>
<tr><td>*Arbeitsblatt*</td><td>**Der Druck**</td><td>*Schülerexperiment*</td></tr>
</table>

Material:
- Eine Wanne mit Vogelfutter
- 3 Brettchen unterschiedlicher Flächengröße
- 3 Tonnenfüße
- 3 Eisenstücke

Beschreibung:

Es soll untersucht werden, von welchen Faktoren der Druck eines Körpers auf seine Unterlage abhängt.

Hierbei soll die unterschiedliche Eindringtiefe der Brettchen auf die Unterlage „Vogelfutter" als Maß für den wirkenden Druck dienen.

Aufgaben:

a)

Lege das kleinste Brettchen auf das Vogelfutter und stelle erst einen Tonnenfuß, dann zwei Tonnenfüße und danach alle drei Tonnenfüße auf das Brettchen. Beobachte, wie sich die Eindringtiefe in das Vogelfutter (der wirkende Druck) ändert.

→ Formuliere einen Merksatz !

Je größer ________________________, desto ________________________________

b)

Lege alle drei Brettchen nebeneinander auf das Vogelfutter und stelle jeweils ein Tonnenfuß sowie ein Eisenstück darauf. Beobachte, wie sich die Eindringtiefe in das Vogelfutter (der wirkende Druck) unterscheidet.

→ Formuliere einen Merksatz !

Je kleiner ________________________, desto ________________________________

c)

Von welchen beiden Faktoren hängt die Größe des Drucks also ab ?

1: ________________________________

2: ________________________________

Zusatzaufgabe	**<u>Der Druck</u>**

<u>Aufgabe:</u>

Begründe physikalisch die besondere Form von Reißzwecken.

____

____

____

____

Zusammenfassung   <u>Der Druck</u>

Der **Druck (p)** hängt ab von der **Kraft (F)** und von der Größe der **Fläche (A)**, auf die diese Kraft wirkt.

$$Druck \;=\; \frac{Kraft}{Fläche} \qquad\qquad \text{bzw.} \qquad\qquad p \;=\; \frac{F}{A}$$

Es gilt also: **Je größer die Kraft, desto größer der wirkende Druck.**

                Je kleiner die Fläche, desto größer der wirkende Druck.

Als Einheit für den Druck ergibt sich **1 N/m^2**. Diese Einheit bezeichnet man auch als **1 Pascal (1 Pa)**.

$$1\,Pa \;=\; 1\,\frac{N}{m^2}$$

<table>
<tr><td>Hausaufgabe</td><td><u>Der Druck</u></td></tr>
</table>

<u>Aufgaben:</u>

a) Klebe die Arbeitsblätter, die Zusammenfassung sowie das Hausaufgabenblatt in dein Heft!

b)

Wenn man jemanden, der ins Eis eingebrochen ist, herausziehen will, muss man sich sehr vorsichtig verhalten. Damit wird die Gefahr geringer, dass man selbst ins Eis einbricht.

Stimmt das überhaupt? Die Gewichtskraft bleibt doch schließlich die gleiche.....

c) Ein Haus hat eine Grundfläche von 81 m². Die Gesamtmasse des Hauses beträgt 54 Tonnen. Berechne den Druck, den das Haus auf das Fundament ausübt.

d) Freiwillige Zusatzaufgabe für Physik-Spezialisten:
Warum kann ein Fakir auf einem Nagelbett schlafen, ohne sich zu verletzen? Begründe!